高等农林教育“十三五”规划教材
普通高等教育农业部“十二五”规划
教材《草产品加工与贮藏学》配套教材

草产品加工与贮藏学实验实习指导

刘庭玉　贾玉山　格根图　主编

U0951431

中国农业大学出版社
·北京·

内容简介

本书是普通高等教育农业部“十二五”规划教材《草产品加工与贮藏学》配套实验、实习教材，共设置十三个实验与六个实习。实验包括饲料及原料鉴别、青贮制作与检测、干草与成型草产品的加工与检测、饲草料有效成分提取与鉴别、饲草型全混合日粮配方设计与制作、青贮饲料乳酸菌分离与鉴选。实习包括干草、青贮、成型草产品、饲草型全混合日粮的加工制作和饲草产品贮藏、草产品品质检测的综合实习。

图书在版编目(CIP)数据

草产品加工与贮藏学实验实习指导/刘庭玉，贾玉山，格根图主编. —北京：中国农业大学出版社，2019.4

ISBN 978-7-5655-2206-2

Ⅰ.①草…　Ⅱ.①刘…　②贾…　③格…　Ⅲ.①牧草-饲料加工②牧草-饲料-贮藏　Ⅳ.①S54②S816.33

中国版本图书馆 CIP 数据核字(2019)第 080436 号

书　　名　草产品加工与贮藏学实验实习指导
作　　者　刘庭玉　贾玉山　格根图　主编

策划编辑　张秀环　　**责任编辑**　王艳欣
封面设计　郑　川
出版发行　中国农业大学出版社
社　　址　北京市海淀区学清路甲 38 号　　**邮政编码**　100083
电　　话　发行部 010-62733489,1190　　读者服务部 010-62732336
编辑部 010-62732617,2618　　出　版　部 010-62733440
网　　址　http://www.caupress.cn　　**E-mail** cbsszs@cau.edu.cn
经　　销　新华书店
印　　刷　涿州市星河印刷有限公司
版　　次　2019 年 4 月第 1 版　2019 年 4 月第 1 次印刷
规　　格　787×980　16 开本　4.25 印张　76 千字
定　　价　18.00 元

图书如有质量问题本社发行部负责调换

编写人员

主　编　刘庭玉（内蒙古民族大学）
　　　　贾玉山（内蒙古农业大学）
　　　　格根图（内蒙古农业大学）

参　编　任秀珍（内蒙古民族大学）
　　　　侯美玲（内蒙古民族大学）
　　　　周玉雷（赤峰学院）
　　　　张培青（呼伦贝尔学院）
　　　　郑　毅（内蒙古民族大学）

前　言

草产品加工与贮藏是草产业链的重要环节，其技术性、操作性和实用性均较强，对培养更加全面的草产业专业人才起着至关重要的作用。草产品加工与贮藏学是一门实用性很强的学科，同时也是草业科学专业的主干专业课，实验实习是完成课程教学任务的重要环节，开展必要的室内外实验实习，有利于理论联系实际，使学生熟悉和掌握基本的实验实习技能，巩固和扩充理论知识，培养学生观察、分析和解决实际问题的能力，提高课程的教学质量。草产品加工与贮藏学主要讲述如何挖掘牧草及饲料资源潜力，经过正确的加工措施转变为优质的饲草，或将农副产品加工成较好的饲料，从而提高牧草的利用率或变废为宝。按照课程教学大纲的要求，结合牧草生长发育的季节性规律，本教材共设置十三个实验和六个实习。刘庭玉、贾玉山、格根图任主编，任秀珍、侯美玲、周玉雷、张培青、郑毅为参编人员，刘庭玉统稿。

本书是普通高等教育农业部“十二五”规划教材《草产品加工与贮藏学》配套实验、实习教材。由于地理差异，可根据教学的实际情况选择使用。由于编者科学研究水平和文字水平有限，书中难免有不足之处，敬请读者批评指正。

刘庭玉

2019 年 1 月

目 录

实验一　常用饲料及原料的鉴别实验

一、实验目的

通过实验掌握常用饲料及原料区分的方法。

二、实验原理

根据国际饲料分类体系，依据饲料的营养特性，将饲料分为八大类，分别为粗饲料、青绿饲料、青贮饲料、能量饲料、蛋白质饲料、矿物质饲料、维生素饲料、饲料添加剂。本实验主要根据国际饲料分类法对饲草饲料进行鉴别归类。

三、实验材料及用品

实验材料：苜蓿干草、黑麦草鲜草、青贮玉米、玉米籽实、大豆饼粕、磷酸氢钙($CaHPO_4 \cdot 2H_2O$)、维生素A、酵母菌等30种(并附营养指标)，各学校可根据本校情况选择。

四、实验内容

1.根据物理特性区分

根据实验材料的物理特性进行区分，先将青绿饲料、青贮饲料、矿物质饲料、维生素饲料和饲料添加剂进行区分鉴别。

2.根据粗蛋白质和粗纤维区分

剩余实验材料根据粗蛋白质和粗纤维含量多少进行区分鉴别。

3.根据国际饲料分类法区分

根据国际饲料分类体系，依据饲料的营养特性，对以上30种实验材料进行分类。

①粗饲料(1-00-000)　指干物质中粗纤维含量在18%以上的一类饲料。

②青绿饲料(2-00-000)　指自然水分含量在60%以上的一类饲料。

③青贮饲料(3-00-000)　指用新鲜的天然植物性饲料制成的青贮及加有适量

糠麸类或其他添加物的青贮饲料，包括水分含量在45%～55%的半干青贮。

④能量饲料(4-00-000)　指干物质中粗纤维的含量在18%以下，粗蛋白质含量在20%以下的一类饲料。

⑤蛋白质饲料(5-00-000)　指干物质中粗纤维含量在18%以下，粗蛋白质含量在20%以上的一类饲料，主要包括植物性蛋白质饲料、动物性蛋白质饲料、单细胞蛋白质饲料等。

⑥矿物质饲料(6-00-000)　包括工业合成的或天然的单一矿物质饲料，多种矿物质混合的矿物质饲料，以及加有载体或稀释剂的矿物质添加剂预混料。

⑦维生素饲料(7-00-000)　指人工合成或提纯的单一维生素或复合维生素，但不包括某种维生素含量较多的天然饲料。

⑧饲料添加剂(8-00-000)　指各种用于强化饲养效果，有利于配合饲料生产和贮存的非营养性添加剂原料及其配制产品。如各种抗生素、抗氧化剂、防霉剂、黏结剂、着色剂、增味剂以及保健与代谢调节药物等。

五、实验报告

包括实验目的、实验原理、实验材料及用品、实验内容、结果与讨论。

实验二　常规饲草青贮实验

一、实验目的

通过实验掌握常规饲草青贮的制作流程。

二、实验原理

常规青贮实际上就是在厌氧条件下，利用植物体上附着的乳酸菌，将原料中的糖分分解为乳酸，在乳酸的作用下，抑制有害微生物的繁殖，达到安全贮藏的目的。

三、实验材料及用品

实验材料：全株玉米（带果穗，乳熟期—蜡熟期）、羊草（抽穗期—开花期）、燕麦（抽穗期—开花期）。

实验用品：厚 0.8～1.0 mm 聚乙烯塑料袋（规格：宽 25 cm×长 35 cm）、小型青贮专用铡刀、天平、塑封机、牧草水分速测仪等。

四、实验内容

1. 青贮原料水分控制

常规饲草青贮成功的关键是为乳酸菌发酵创造有利条件，抑制有害微生物的活动。乳酸菌繁殖的适宜含水量为 60%～70%。如果原料含水量过高，可在收割后于田间晾晒或风干 4～6 h，使原料含水量降到 60%～70%；如果含水量过低，需要加入一定的水或与高水分含量的原料进行混合，使原料含水量提高到 60%～70%。

2. 切碎

将青贮原料用铡刀切碎，长度视原料种类、质地而异。一般茎秆较粗硬的原料（如全株玉米）为 0.5～2 cm，茎秆较细软的原料（如禾本科牧草）为 2～3 cm。

3. 混匀

切碎的原料，若茎秆、叶片及果穗（或花序等）分布不均匀，应进行手动混合、搅拌均匀。

4. 装袋、密封

用天平称取 200 g 原料装入青贮塑料袋中，用塑封机及时抽真空并封口。

5. 放置时间

将制作好的青贮袋置于室内，室温以 25～30℃为宜。青贮发酵过程 30 天完成，完成后进行品质鉴定。

6. 管理

经常检查塑料袋，若发现有损坏、透气现象，应及时用胶带纸或胶布等封住。此外，要防止鼠、虫咬破塑料袋，造成漏气而腐烂。

五、实验报告

包括实验目的、实验原理、实验材料及用品、实验内容、结果与讨论。

实验三　半干饲草青贮实验

一、实验目的

通过实验了解半干青贮的原理，同时在与常规青贮的比较中加深认识，掌握半干青贮的制作技术。

二、实验原理

半干青贮是指用含水量45%～55%的原料制作的青贮。此时乳酸菌及其他有害微生物处于生理干燥状态，其繁殖受到限制，因此需要添加以乳酸菌为主的菌剂，将原料中的糖分分解为乳酸，在乳酸的作用下，抑制有害微生物的繁殖，达到安全贮藏的目的。

三、实验材料及用品

实验材料：如苜蓿、箭筈豌豆等，亦可半干青贮禾本科牧草。

实验用品：厚0.8～1.0 mm聚乙烯塑料袋（规格：宽25 cm×长35 cm）、小型青贮专用铡刀、以乳酸菌为主的菌剂、天平、塑封机、喷壶、牧草水分速测仪等。

四、实验内容

1. 半干青贮原料含水量的调节

半干青贮的制作方法与常规青贮基本相同，区别在于半干青贮原料的含水量为45%～55%。

进行半干青贮，首先可用田间经验估测法、烘干检测法、牧草水分速测仪测定法，或上述三者结合，确定半干青贮原料含水量。当含水量在50%左右时，禾本科牧草茎叶由鲜绿色变成深绿色，叶片卷成筒状，茎的基部尚保持鲜绿状态；豆科牧草叶片卷缩呈深绿色，叶柄易折断，茎下部叶片易脱落，压迫茎时能挤出水分，茎表皮可用指甲刮下。

调节方法：一般是原料收割后，就地晾晒风干或集成小草垄晾晒，使水分迅速散失。一般经24～36 h晾晒，含水量达45%～55%。

2. 切碎

将青贮原料用铡刀切碎，长度视原料种类、质地而异。一般质地较柔软的原料（如苜蓿、箭筈豌豆）切碎长度为 3～5 cm，细茎原料（如禾本科牧草）为 2～3 cm。

3. 添加菌剂及搅拌

用喷壶将以乳酸菌为主的菌剂均匀地喷洒在切碎的原料中，并手动进行混合、搅拌均匀。菌剂添加量应严格按照制造商说明书确定。

4. 装袋、密封

用天平称取 200 g 原料装入青贮塑料袋中，用塑封机及时抽真空并封口。

5. 放置时间

将制作好的青贮袋置于室内，室温以 25～30℃为宜。青贮发酵过程 30 天完成，完成后进行品质鉴定。

6. 管理

经常检查塑料袋，若发现有损坏、透气现象，应及时用胶带纸或胶布等封住。此外，要防止鼠、虫咬破塑料袋，造成漏气而腐烂。

五、实验报告

包括实验目的、实验原理、实验材料及用品、实验内容、结果与讨论。

实验四　秸秆微贮实验

一、实验目的

通过实验了解微贮的原理与方法，同时在与常规青贮的比较中加深认识，掌握秸秆微贮的技术。

二、实验原理

秸秆厌氧微贮：就是利用微生物厌氧发酵的方法处理秸秆，操作方法与秸秆青贮相似，只是人为地加入秸秆厌氧发酵活干菌，再加入浓度为1%的盐水，使秸秆含水量达到65%～70%，然后压实密封，造成厌氧环境。经过20～30天的厌氧发酵后，就变成具有酸香味，易于消化的微贮饲料。

秸秆好氧微贮：就是利用酵母菌为主、乳酸菌为辅的菌剂进行好氧发酵，分解秸秆有机成分中的纤维素、半纤维素、木质素，从而提高家畜对秸秆中各种成分的消化吸收率。好氧微贮时间为8～10天。

三、实验材料及用品

实验材料：秸秆，常用的有玉米秸秆、麦秸及水稻秸秆等。

实验用品：秸秆厌氧发酵活干菌，酵母菌为主、乳酸菌为辅的菌剂，食盐，揉碎机，铡草机，天平，厚0.8～1.0 mm聚乙烯塑料袋（规格：宽25 cm×长35 cm），塑封机，青贮桶，塑料薄膜。

四、实验内容

1. 菌液的配制

根据所买菌种生产厂家的说明书进行复活和配制。

2. 秸秆原料的揉碎（或铡短）

一般用揉碎机将秸秆揉碎。若没有揉碎机，可用铡草机，根据家畜的饲喂要求将其铡短，一般为2～3 cm。

3.喷洒菌剂

用喷壶将配制好的菌剂均匀地喷洒在原料上，并手动搅拌均匀。

4.原料装填

厌氧微贮：实验室模拟，用天平称取 200 g 原料装入青贮塑料袋中，加入秸秆发酵活干菌，用 1%的盐水进行混合，将含水量调整到 65%～70%。用塑封机及时抽真空并封口。

好氧微贮：将搅拌均匀的原料装在青贮桶中，装填不要太紧实，也不能太松，以无空隙为宜。青贮桶上一定要加盖塑料薄膜，以保持水分和温度。当料堆内部温度达到 50℃时，应翻一次，有利于菌丝体的继续生长，保证微贮饲料的内外均衡。

5.后期管理

厌氧微贮必须保证青贮塑料袋完整无损，好氧微贮过程中避免杂物进入饲料中。

6.品质检测

可根据微贮饲料的外部特征，进行感官鉴定。

手感：优质微贮饲料拿到手里感到很松散，质地柔软湿润。发黏或粘到一起，以及虽松散，但干燥粗硬，均属不良饲料。

颜色：优质微贮青玉米秸秆呈橄榄绿，麦稻秸秆呈黄褐色。若青贮饲料呈褐色或墨绿色则质量较差。

气味：优质微贮饲料具有醇香和果香气味，并具有弱酸味。若有强酸味，表明醋酸过多，一般是由于水分过多和高温发酵造成的。若有腐臭、发霉味，则不能饲喂。

五、实验报告

包括实验目的、实验原理、实验材料及用品、实验内容、结果与讨论。

实验五　青贮饲料感官品质检测实验

一、实验目的

通过实验掌握青贮饲料感官品质评定的方法，能够准确判断青贮饲料品质的优劣。

二、实验原理

通过感官鉴定法及实验室鉴定法对青贮饲料进行品质评定和分级。

三、实验材料及用品

实验材料：全株玉米青贮、青贮苜蓿。

实验用品：pH 试纸、试管、盐酸（1.19 g/cm^3）、酒精（95%）、乙醚和细铁丝等。

四、实验内容

1. 感官鉴定法

农牧场和其他现场采用此法，简便迅速易行。鉴定指标有三：气味、颜色和质地。

(1)气味

品质优良的青贮饲料，具较浓的芳香酒酸味，气味柔和，不刺鼻，给人以舒适感；品质中等的，酸味较浓，稍有酒味和醋味，芳香味较弱。如果青贮饲料带有刺鼻臭味或霉烂味，手抓后，较长时间仍有难闻的气味留在手上，不易用水洗掉，则确认此饲料已变质，不能饲用。

(2)颜色

青贮饲料的颜色，因原料而异。一般是越接近于原料颜色，品质越好。品质优良的呈绿色或淡绿色，品质中等的呈黄褐色或暗绿色，品质低劣的则呈褐色或黑色。

(3)质地

优质的青贮饲料，在窖内压得紧密，拿到手中却较松散，质地柔软而略带湿润，植物的茎、叶、花和果实等器官仍保持原来状态，甚至可清楚地看出其上的叶脉和绒毛。品质低劣的青贮饲料，茎叶结构不能保持原状，多黏结成团，手感黏滑，或干燥粗硬。品质中等的介于二者之间。

2. 实验室鉴定法

(1)青贮饲料的 pH

实验室内可用仪器测定，在生产现场也可用石蕊试纸测定。其标准是，优良青贮饲料的 pH 为 3.4～3.8；良好的为 3.9～4.1，一般的为 4.2～4.7，低劣的为 4.8 以上。但是，pH 不是青贮饲料品质鉴定的准确指标，因为梭菌也会降低 pH，要综合其他指标判断(表 1)。

表 1　全株玉米青贮饲料感官品质鉴定标准

项目	分值	优质	良好	一般	低劣
色泽	20	青绿色或黄绿色(14～20)	黄褐色(8～13)	褐色(1～7)	黑褐色(0)
气味	25	酸香味(18～25)	酒香味(9～17)	刺鼻酸味(1～8)	腐败霉烂味(0)
结构	10	松软不粘手(8～10)	松软无黏性(4～7)	略带黏性(1～3)	发黏结块(0)
水分	20	抓握湿润不形成水滴(14～20)	抓握可形成水滴(8～13)	抓握有水分流出(1～7)	干燥粗硬或抓握成团(0)
pH	25	3.4～3.8(18～25)	3.9～4.1(9～17)	4.2～4.7(1～8)	4.8 以上(0)
得分		76～100	51～75	26～50	0～25

注：以国内青贮饲料感官评定标准为依据；苜蓿青贮饲料的 pH：4.4～4.6 为优质，4.7～5.0 为中等，5.1～5.5 为低劣。

(2)有机酸含量

优良的青贮饲料中游离酸约占 2%，其中乳酸占 1/2～1/3，醋酸占 1/3，不含丁酸，具酸香味。

(3)青贮饲料腐败的感官鉴定

①鉴定原理　如果青贮饲料腐败变质，其中含氮物必分解形成游离氨。

②鉴定方法　在试管中加入 2 mL 盐酸(1.19 g/cm^3)、酒精(95%)和乙醚(1∶3∶1)的混合液。将中部带有一铁丝的软木塞塞入试管口，铁丝的末端弯成钩

状，钩一块青贮饲料，铁丝末端应距离试液 2 cm。当有氨存在时，必生成氯化铵，因而在青贮饲料四周出现白雾，白雾越大，说明青贮饲料腐败越严重，反之，说明青贮饲料无腐败变质。

通过综合运用上述鉴定方法，对青贮饲料进行品质评定和分级（表 1）。

五、实验报告

包括实验目的、实验原理、实验材料及用品、实验内容、结果与讨论。

实验六　干草调制实验

一、实验目的

通过实验掌握影响青干草品质的关键因素，并掌握调制的技能。

二、实验原理

通过测试牧草干燥速率和脱叶情况，比较 3 种干燥方式的优劣：自然干燥（晒制）；压裂牧草茎秆（可破坏茎的角质层以及维管束，并使之暴露于空气中，茎内水分散失的速度可大大加快，基本能跟上叶片的干燥速度，既缩短了干燥期，又使牧草各部分干燥均匀）；喷洒化学制剂（可破坏植物体表面的蜡质层结构，促使植物体内的水分蒸发，加快干燥速度）。

三、实验材料及用品

实验材料：苜蓿、燕麦。

实验用品：小型压扁工具（如石磙）（压裂牧草茎秆）、草叉、K_2CO_3（1.5%）溶液和天平等。

四、实验内容

将牧草按质量等分为三组，每组取样 10 kg。一组牧草不加处理，直接自然干燥，为对照组。另外两组分别在压裂牧草茎秆或喷洒化学制剂后自然干燥。

1. 自然干燥

将牧草鲜草均匀平铺（叶片脱落后收集）晾晒，白天每隔 2 h，夜晚每隔 4 h，观察、记录植株失水干燥情况并称重，计算含水量，当含水量达 15%～17%时，记录干燥总时间，对已脱落叶片和全部叶片分别进行称重。

2. 压裂牧草茎秆

生产中一般用机械压裂牧草茎秆，本实验中采用小型工具如石磙等将一组牧草茎秆压裂。将处理过的牧草鲜草均匀平铺（叶片脱落后收集）晾晒，白天每隔

2 h，夜晚每隔 4 h，观察、记录植株失水干燥情况并称重，计算含水量，当含水量达15%～17%时，记录干燥总时间，对已脱落叶片和全部叶片分别进行称重。

3. 喷洒化学制剂

对刈割后的牧草鲜草喷洒 K_2CO_3（1.5%）溶液。将处理过的牧草鲜草均匀平铺（叶片脱落后收集）晾晒，白天每隔 2 h，夜晚每隔 4 h，观察、记录植株失水干燥情况并称重，计算含水量，当含水量达 15%～17%时，记录干燥总时间，对已脱落叶片和全部叶片分别进行称重。

4. 测定指标

（1）干燥总时间

（2）叶片的脱落率

$$叶片的脱落率=\frac{脱落叶片质量}{叶片总质量}\times 100\%$$

（3）干燥速率

$$V_n=\frac{G_n-G_{n+1}}{T}$$

式中：V_n——第 n 个时间段的牧草干燥速率（%/h）；

G_n——第 n 次测定的牧草含水量（%）；

G_{n+1}——第 $n+1$ 次测定的牧草含水量（%）；

T_n——第 n 个时间段的时间长度（h），白天为 2 h，夜间为 4 h。

牧草干燥速率表示单位时间内牧草含水量的下降值，正值表示牧草的干燥过程，负值表示牧草的吸潮过程。

5. 三种干燥方式对比

①各处理牧草的干燥总时间。

②各处理牧草的叶片脱落率。

③各处理牧草的干燥速率。

五、实验报告

包括实验目的、实验原理、实验材料及用品、实验内容、结果与讨论。

实验七　干草感官品质检测实验

一、实验目的

通过实验掌握干草感官品质评定的方法，从而对干草进行简单分级。

二、实验原理

通过干草感官差异性对不同干草进行品质评定和分级。

三、实验材料及用品

实验材料：苜蓿干草、燕麦干草、天然干草。

实验用品：天平、实验用含水量速测仪。

四、实验内容

1. 苜蓿干草感官评定

(1)颜色

优质苜蓿干草颜色较深，一般绿色越深，其营养物质损失越少，其可溶性营养物质、胡萝卜素及其他维生素越多。

(2)植物组成

评价苜蓿干草的品质，植物组成主要观测干草中的杂草含量。杂草含量越少，干草品质越好。

(3)刈割时期

苜蓿刈割是否适时，可由苜蓿的颜色、气味以及叶片、花蕾(重点观察)的多少来验证。适时刈割的苜蓿颜色较青绿，气味芳香，叶片较丰富，茎秆质地较柔软。在开花结实以后刈割或刈割后在烈日下久晒，均会导致茎秆粗硬，叶量减少而枯黄。

(4)叶量多少

苜蓿干草叶量多少是衡量品质的重要指标。苜蓿干草的叶的重量占干草总重量的30%～40%。

(5)含水量

干草的含水量应为15%～18%。除用仪器测定外,在生产实践中常用感官法估计饲草的含水量。

(6)气味

优质干草一般具有芳香味,再生牧草调制的干草可能香味较淡。如有霉烂、异味时,则品质低劣。

2.燕麦干草感官评定

(1)颜色

优质燕麦干草颜色较深,一般绿色越深,其营养物质损失越少,其可溶性营养物质、胡萝卜素及其他维生素越多。

(2)植物组成

评价人工燕麦干草的品质,植物组成主要观测干草中的杂草含量。杂草含量越少,干草品质越好。

(3)刈割时期

燕麦刈割是否适时,可由燕麦干草的颜色、气味以及叶片、幼穗的多少来验证。适时刈割的燕麦干草颜色较青绿,气味芳香,叶片较丰富,茎秆质地较柔软。在蜡熟期以后刈割或刈割后在烈日下久晒,均会导致茎秆粗硬,叶量减少并枯黄。

(4)叶量多少

燕麦干草叶量多少是衡量品质的重要指标。一般燕麦干草叶片不易脱落,但也应重点观察。

(5)含水量

干草的含水量应为15%～18%。除用仪器测定外,在生产实践中常用感官法估计饲草的含水量。

(6)气味

优质干草一般具有芳香味,再生牧草调制的干草可能香味较淡。如有霉烂、异味时,则品质低劣。

3.天然干草感官评定

(1)颜色

优质天然干草颜色较深,一般绿色越深,其营养物质损失越少,其可溶性营养物质、胡萝卜素及其他维生素越多。

(2)植物组成

评价天然干草的品质,植物组成是主要指标。一般干草中禾本科和豆科牧草所占比例高于 60%,则属于优质干草。有毒有害植物的含量不得超过干草总重量的 1%。

(3)刈割时期

刈割是否适时,可由天然干草的颜色、气味以及叶片、花蕾、幼穗的多少来验证。适时刈割的干草颜色较青绿,气味芳香,叶片较丰富,茎秆质地较柔软。在开花结实以后刈割或刈割后在烈日下久晒,均会导致茎秆粗硬,叶量减少而枯黄。

(4)叶量多少

天然干草叶量多少是衡量品质的重要指标。一般天然干草叶片不易脱落。

(5)含水量

干草的含水量应为 15%~18%。除用仪器测定外,在生产实践中常用感官法估计饲草的含水量。

(6)气味

优质干草一般具有芳香味,再生牧草调制的干草可能香味较淡。如有霉烂、异味时,则品质低劣。

4. 苜蓿干草等级

特级:现蕾期刈割,叶量丰富,茎柔软无损伤,干草深绿色或绿色,杂草含量小于 3%。

一级:现蕾期—初花期刈割,叶量大,茎柔软无损伤,干草绿色,杂草含量 3%~5%。

二级:初花期—中花期刈割,叶量中等,茎叶保存比较完整,杂草含量 5%~8%。

三级:中花期刈割,叶量中等偏少,茎较粗糙,有轻度损伤,杂草含量 8%~12%。

5. 燕麦干草等级

特级:非常早熟,叶量丰富,茎柔软无损伤,干草深绿色或绿色。

一级:早熟,叶量大,茎柔软无损伤,干草绿色。

二级:比较早熟,叶量中等,茎优质到中等,无损伤,叶片污点少。

三级:晚熟,叶量中等偏少,茎较粗糙,有轻度损伤。

6. 天然干草等级

不同地区一般都制定有统一的天然干草等级标准。内蒙古自治区的天然干草等级标准如下。

一级:以禾本科牧草或豆科牧草为主体,枝叶呈绿色或深绿色,叶及花序损失不到5%，含水量15%～18%，有浓郁的干草香味，无砂土，杂类草及不可食草不超过5%。

二级：草种较杂，色泽正常，呈绿色或浅绿色，叶及花序损失不到10%，有草香味，含水量15%～18%，无砂土，不可食草不超过10%。

三级：叶色较暗，叶及花序损失不到15%，含水量15%～18%，有草香味。

四级：茎叶发黄或发白，部分有褐色斑点，叶及花序损失大于15%，草香味较淡。

五级：发霉有霉烂味，不能饲喂。

五、实验报告

包括实验目的、实验原理、实验材料及用品、实验内容、结果与讨论。

实验八　成型草产品加工实验

一、实验目的

通过实验加深对成型草产品加工原理、草产品加工工艺、草产品加工基本流程及加工机械相关知识的掌握程度。

二、实验原理

本实验以颗粒饲料加工为例。颗粒饲料成型原理:制粒是一个挤压式的热塑过程。粉料是一种流动性不连续的粉粒松散体,在压力作用下粉粒相互移近并重新排列,空隙间气体不断排出,使粉粒间的间隙不断减少,粉粒越密集,其连接力越大,最后压制成具有一定密度、一定强度的颗粒饲料。一般将维持颗粒成型的结合力分为3种,即一次结合力(烧结)、二次结合力(压缩)和三次结合力(胶结料)。颗粒本身就是靠这3种结合力而维持的,其中一次结合力和二次结合力是物料中固有的,但可以通过物体间距离靠近而加强,三次结合力是在制粒中施加给物料的。饲料的制粒,通常是在粉料中添加少量的水分,通过强压挤出而制粒。

三、实验材料及用品

实验材料:玉米秸秆、禾本科牧草、豆科牧草、向日葵茎叶、膨润土等。

实验用品:烘箱、电子秤、天平、牧草粉碎机、搅拌桶、木棍、50 mL烧杯、牧草水分速测仪、小型平模压粒机、编织袋等。

四、实验内容

1.原料选择

选用无腐烂,无石块、金属等杂质的玉米秸秆、禾本科牧草、豆科牧草、向日葵茎叶等。可以选用其中的一种或者多种原料来制备草颗粒。

2.含水量调节

为了保证颗粒饲料制作成功,原料含水量适宜十分重要。首先使用牧草水分速测仪测定牧草的含水量。用豆科饲草加工草颗粒，最佳含水量为16%～18%；禾本科饲草的最佳含水量为13%～15%。如果原料中的含水量大于最佳含水量，应用烘箱烘干处理，反之应拌水加至最佳含水量。

3. 除杂

为了保证安全贮藏和便于进行粉碎加工，原料必须经过清理，人工将原料中的金属、土块等大杂质除去。

4. 粉碎

利用牧草粉碎机将原料粉碎成3～8 mm的草粉。经过粉碎的原料，便于均匀混合，有利于畜禽的消化和吸收，可以提高饲料的转化率，可以大大地提高饲料的利用率，降低饲养的综合成本。注意：原料的粉碎力度不宜过细，粉碎过细会影响颗粒饲料的成型率。

5. 称量配料

分别称取原料草粉及膨润土添加剂。

草粉：用电子秤称取25 kg草粉备用。

膨润土：用天平称取750 g膨润土备用。膨润土的添加量过低会导致原料的黏性不足，膨润土添加量过高会导致颗粒硬度过高，一般膨润土的最适添加量为原料添加量的3%。

6. 混合搅拌

将称量好的草粉与膨润土放入搅拌桶充分混合后进行搅拌。充分搅拌是制粒前十分重要的工艺环节，它关系到草颗粒质量的稳定性和均匀性。在大型草颗粒加工厂，高压蒸汽的作用有助于液体向固相饲草的渗透，可使粉料充分软化和熟化，黏结力增强，有效降低压制过程中的能量损耗，并减少压模磨损，从而改善粉料的制粒性能，提高粉料的成型率和制粒效率。

7. 制粒

利用小型平模压粒机在实验室进行制粒。将小型平模压粒机接通电源，在运行稳定后，将充分混合搅拌的原料放入进样口进行制粒加工，根据实际情况调节颗粒直径与长度。一般羊用颗粒料直径4～6 mm，牛用颗粒料直径6～8 mm，长度15～35 mm。在大型草颗粒加工厂，在颗粒饲料压制过程中，充足而均衡地供应蒸汽可以使淀粉部分糊化、破裂，使粉料容易黏结，从而提高成型颗粒的硬度。压粒的适宜温度为80～85℃，这一温度对饲料营养成分影响不大，因为饲料通过压模孔的时间只有7～8 s。在配合饲料中添加糖蜜，可以提高饲料的营养价值及适口性。在颗粒饲料的压制过程中，糖蜜还可起到黏结剂的作用。颗粒饲料表面涂上脂肪，不仅能提高饲料发热量、抗水性和适口性，减少车间灰尘，还可减少运输和生产过程中的损失。

8.冷却与干燥

刚压制出机的草颗粒，其湿度略高于压制前的物料，温度达 45～60℃。因此，需要做冷却和干燥处理，以确保草颗粒具有良好的贮存特性。

9.装袋保存

将干燥后的草颗粒装入编织袋中，用于后面成型草产品的检测实验。草颗粒的包装有散装和袋装两种，目前饲料厂多采用袋装形式，只针对大型养殖企业采用装载能力为 4～5 t的饲料罐车，以节约包装成本。

五、实验报告

包括实验目的、实验原理、实验材料及用品、实验内容、结果与讨论。

实验九　成型草产品检测实验

一、实验目的

在饲用前需要对成型草产品进行品质鉴定，确保其品质优良之后，方可饲用。通过实验了解成型草产品的检测技术原理、相关概念和计算公式。

二、实验原理

成型草产品检测是指通过感官检测法、物理检测法、化学检测法等对草产品中是否含有损害或威胁动物健康的有毒有害物质或因素进行鉴定分析，避免家畜急性或慢性中毒及感染疾病，并通过食物链危及人类。

三、实验材料及用品

实验材料：成型草产品。

实验用品：探针，抽样锥，2 mm 编织筛，实验用电动摇筛机或手工筛，5FY-4 型颗粒饲料粉化率测定仪，片剂硬度计。

四、实验内容

本实验以草颗粒饲料检测为例。

1. 成型草产品的取样

以饲草为原料生产的成型草产品，可根据存放方式取样。

(1)散装

散装的成型草产品应在机械运输过程中取样，用探针从距边缘 0.5 m 的不同部位分别取样，然后混合，即得原始样品。

(2)袋装

用抽样锥随机从不同袋中分别取样，然后混合，即得原始样品。

2. 检测方法

(1)感官检测法

通过人的感觉(味觉、嗅觉、视觉、触觉等)对草产品进行检测评价的方法,或是根据草产品的外部特征(如颜色、形状、软硬度、气味等)直接作用于人体感觉器官所引起的反应进行草产品检测的方法,称为感官检测法。

①颜色　在自然光下视物最清楚的距离范围内进行目测。

②气味　常态下贴近鼻尖嗅闻气味。

通过感官检测评分,对草颗粒进行分级(表 2)。

表 2　草颗粒感官评定标准

评定项目	表现			分数
颜色	深绿色、绿色			10～7
	浅绿色、黄绿色			7～4
	褐色			4～2
	焦黑色、黑色			1
结构	表面光滑,圆柱形,紧实,长度 35～40 mm			15～10
	表面较光滑、有纵向裂纹,紧实,长度 25～35 mm			10～7
	表面有少量纵向、横向的深裂纹,较紧实,长度 15～25 mm			7～3
	表面粗糙、膨大、不紧实,长度 15 mm 以下			3～1
气味	草香味			5～4
	糊香味			3
	糊味			2
	霉味或其他异味			1
等级划分	30～20 优良	20～13 好	13～5 中等	5～1 低劣

(2)物理检测法

以草产品的物理特性为主要依据和检测指标,使用一定的器具,进行草产品检测的方法,称为物理检测法。

①含粉率　要求通过净孔边长 2 mm 的标准编织筛的筛下物不超过 5%。

测定方法:取试样 500 g,放入净孔边长 2 mm 的标准编织筛内,用统一型号的电动摇筛机连续筛 2 min 或手工筛 1 min。筛完后将筛上物称重,计算含粉率。

$$含粉率=\frac{试样质量-筛上物质量}{试样质量}\times 100\%$$

②粉化率　颗粒饲料在贮运过程中，往往产生粉末，饲喂家畜(禽)时易损失，喂鱼、虾时会污染水质。因此要求一级品的粉化率不超过9%，二级品的粉化率不超过14%。

测定方法：根据颗粒直径选用规定的标准筛(表3)，原始样品手工过筛，以筛上物作为试样。取试样500 g放入5FY-4型颗粒饲料粉化率测定仪(回转箱)中，扣紧箱盖使之密封良好。启动回转箱，转动10 min后(即累计500 r)，计算出粉化率。

表3　颗粒直径与配用的标准编织筛

颗粒直径/mm	筛净孔边长/mm	筛孔系数	颗粒直径/mm	筛净孔边长/mm	筛孔系数
8.0	5.60	0.70	4.5	3.20	0.71
6.0	4.00	0.67	4.0	2.80	0.70
5.0	3.55	0.71			

$$粉化率=\frac{1-m}{500}\times 100\%$$

式中：m——回转后筛上物重(g)。

③硬度　颗粒硬度不仅影响耐久性，还影响适口性。测定硬度一般采用片剂硬度计。

测定方法：取冷却后的颗粒30～100粒，挑出表面质量完好的草颗粒20个，长度为直径的1.5～2.0倍，分别测定直径方向上的压碎力，计算其平均值和标准差。此外，还可以用Stokes硬度计和Pfizer硬度计等测定。

④容重　可用容重器直接测出颗粒饲料的容重，或先测量样品的体积，再测量样品重量，然后按下式算容重，重复3次，取平均值。

$$X=m/V$$

式中：X——样品容重(g/cm^3)；

m——样品重(g)；

V——样品体积(cm^3)。

⑤含水量　测定颗粒含水量时，通常取 3 份有代表性的样品（质量 100～200 g），放入干燥的器皿中，在 105℃烘箱中烘干至恒重，冷却后称重，求出含水量。

$$含水量=\frac{试样质量-烘干后质量}{试样质量}\times 100\%$$

（3）化学检测法

化学检测法是以草产品加工中物质的化学反应为基础，应用化学试剂、借助分析仪器对草产品进行分析、检测和鉴定的方法，分定性分析法和定量分析法两种。常规营养成分的测定方法为：粗蛋白的测定采用凯氏定氮法；粗脂肪的测定采用索氏提取法；粗灰分的测定采用高温灰化法；中性洗涤纤维和酸性洗涤纤维的测定采用酸碱提取法。

五、实验报告

包括实验目的、实验原理、实验材料及用品、实验内容、结果与讨论。

实验十　饲草型全混合日粮配方设计

一、实验目的

通过实验进一步理解饲草型全混合日粮配方设计的原理和原则，掌握饲草型全混合日粮配方设计的技术要点。

二、实验原理

饲草型全混合日粮是指依据反刍动物不同生理阶段的营养需要，把干草、青贮等粗饲料、精饲料和各种添加剂按照一定比例均匀混合成营养浓度均衡的日粮。饲草型全混合日粮注重饲草料的营养加工与调配，调控日粮中饲草之间的组合效应，使牧草和秸秆等粗饲料转化效率大幅度提高，被充分有效地利用。在动物合理分群的基础上，充分考虑每群动物的生理阶段、体况、产奶量及气候等因素，并参考动物饲养标准，根据营养需求和预测干物质采食量(DMI)，合理制作各自的配方，以满足不同群体的营养需要。无论是采用手工计算，还是采用配方软件计算配方，都应收集到以下基础资料：①动物饲养标准；②饲料营养成分及营养价值表；③饲料原料的价格，饲料原料的限用量；④动物的采食量。配合日粮时，必须因地制宜，充分利用本地的饲料资源，以降低家畜饲养成本，提高生产经营效益。

三、实验材料及用品

苜蓿、沙打旺、黑麦草、狼尾草、高丹草以及矿物质、维生素等添加剂等。

四、实验内容

1. 明确产品设计目标

目标明确是配方设计的基础，需要确定的目标包括：产品收益、动物生产水平、市场占有率、对环境的影响。这些目标有时是矛盾的，不可兼得，需要权衡处理确定。

2. 确定动物饲养水平

以动物饲养标准为依据，综合考虑设计目标、当地的实际情况，确定动物饲养水平，即各营养物质需要补充的量。

3. 选择适宜的饲料原料

重视利用当地饲料原料，价格适宜；原料的来源要有保障，供应量充足，营养成分含量稳定；原料的适口性要好，色泽、质地相近。

本实验以苜蓿、沙打旺、黑麦草、狼尾草、高丹草为原料，由饲草营养价值表查各饲草原料的营养成分含量（表 4）。

表 4 饲草营养成分含量 %

成分	苜蓿	沙打旺	黑麦草	狼尾草	高丹草
干物质(DM)	90.00	88.00	90.00	85.00	88.00
水(H_2O)	10.00	12.00	10.00	15.00	12.00
粗蛋白质(CP)	17.10	13.20	9.00	6.50	7.00
中性洗涤纤维(NDF)	40.50	44.90	58.50	64.60	57.20
酸性洗涤纤维(ADF)	31.50	34.30	34.20	46.80	35.50
酸性洗涤木质素(ADL)	6.08	6.12	6.32	6.62	6.57
粗灰分(ASH)	7.20	7.00	7.20	7.70	7.30
无氮浸出物(NFE)	38.20	39.20	41.10	35.50	41.50
粗纤维(CF)	25.20	26.40	29.70	34.00	29.90
粗脂肪(EE)	2.30	2.20	3.00	1.30	2.30
钙(Ca)	1.27	1.32	0.41	0.13	0.38
磷(P)	0.23	0.22	0.27	0.04	0.18
半纤维素(HC)	9.00	10.60	24.30	17.80	21.70
纤维素(CEL)	18.22	21.18	20.68	32.48	21.63
中性洗涤纤维不溶蛋白(NDFIP)	3.63	2.96	1.35	0.57	0.63
碳水化合物(CHO)	73.40	77.60	80.80	84.50	83.40
结构性碳水化合物(SC)	36.87	41.94	57.15	64.03	56.57
非结构性碳水化合物(NSC)	29.27	29.74	20.95	19.33	25.57

4. 配方计算

用配方软件或用手工进行计算。应用基于营养价值高、成本最小的线性规划方法配合 6 组饲草配方，采用 EXCEL2003 中的线性规划进行配方计算(表 5)。用配方软件计算常常会遇到无解的情况，需要随时调整控制指标或改变计算方法，如改用优化法。

表 5 混合饲草配方 %

饲草组分	配方 1	配方 2	配方 3	配方 4	配方 5	配方 6
苜蓿	60	40	40	40	30	30
沙打旺	0	40	40	40	50	50
黑麦草	40	20	0	0	0	0
狼尾草	0	0	20	0	0	20
高丹草	0	0	0	20	20	0

5. 配方质量评价

日粮配方计算出后，不能马上大规模生产，必须经过配方质量评价程序确定后方能生产。首先，按计算出的配方比例配制出小样，对颜色、气味、容重和原料相互混合状态等指标进行仔细观测，这些指标不应该与市场上销售或者生产中使用的产品有显著的差别。若有，则应该做调整；若无，则可以小批量生产。通过分析产品营养成分含量、做饲养试验和配方微调，最后确定最佳配方。产品的实际饲养效果是评价配方质量的最好尺度，有条件的企业都应该以此为配方质量的最终评价手段。随着社会的进步，配方产品的安全性、最终的环境和生态效应也将作为衡量配方质量的指标。

五、实验报告

包括实验目的、实验原理、实验材料及用品、实验内容、结果与讨论。

实验十一　饲草型全混合日粮制作实验

一、实验目的

通过实验理解饲草型全混合日粮加工技术的原理，掌握饲草型全混合日粮加工的技术要点和生产工艺。

二、实验原理

饲草型全混合日粮配制技术是以饲料间的组合效应理论为基础的。饲料组合效应的定义有狭义和广义之说。狭义的饲料组合效应是指日粮内的饲料与饲料之间或饲料营养物质之间产生的组合效应。广义的饲料组合效应除包括狭义的组合效应外，还包括饲料营养物质与饲料内营养活性物质以及反营养物质之间产生的组合效应，同时也包括这些营养因素与非营养因素或措施之间的互作效应。根据饲料间互作关系的性质不同，饲料组合效应可分为3种类型：当饲料的整体互作使日粮内某组分的利用率或采食量指标高于各个饲料原料数值的加权值时，为正组合效应；反之，若日粮的整体指标低于各个饲料原料数值的加权值时，为负组合效应；若二者相等，则为零组合效应。正组合效应可提高饲料的消化率和采食量，负组合效应可引起饲料能值的变化，降低有效代谢能。饲料之间不存在纯的正组合效应或负组合效应，每种组合效应的表现形式都是正、负组合效应互作的结果，也就是说正组合效应包含着负组合效应，负组合效应中存在着正组合效应。影响饲料配合组合效应的因素有很多，如动物种类、饲养水平、饲料种类、饲料质量、配合比例、加工调制、饲养环境、评定组合效应的方法和指标以及营养调控措施。饲草型全混合日粮配制技术就是在该理论的基础上，通过调整饲料配比，充分发挥日粮不同成分间的正组合效应，从而增加饲料的利用率，提高动物生产性能，改善经济效益。

三、实验材料及用品

实验材料：苜蓿、黑麦草、燕麦、干酒糟（DDGS）、矿物质、维生素、添加剂、精料等。

实验用品:全混合日粮搅拌机。

四、实验内容

1. 饲草的选择和切短

粗饲料的品质对草食家畜的生产性能和健康状况影响很大。据研究,劣质牧草对草食家畜生产性能和健康的影响比能量含量低的低质量的精料影响更大。美国威斯康星大学研究了不同品质的紫花苜蓿干草对奶牛产奶量的影响。结果显示精料固定的情况下,牛奶产量随饲草质量的提高而提高,质量高的苜蓿干草,即使只配合精料,产奶量也能达到较高水平。饲喂质量低的饲草,即使提高日粮中精料的比例,也不能明显提高产奶量。低品质的饲草,需要配合高比例的精料才能提高产奶量。牧草质量太差,即使增加精料的比例,产奶量的提高也很有限。精料在日粮中的比重越高,产奶量越高,但比重过高,影响奶牛的健康。因此,配制饲草型全混合日粮时应尽量选择优质饲草。

饲草的切割长度对草食家畜的瘤胃健康至关重要。饲草过长,会影响动物采食,造成饲喂过程中的浪费;饲草过短、过细又会影响草食动物的正常反刍,造成瘤胃 pH 降低,出现一系列代谢疾病。饲草的长度是影响反刍动物饲料利用率、瘤胃功能、生产性能及健康状况的重要因素。因此,在配制饲草型全混合日粮时,应注意饲草的切割长度,一般饲草切割长度应在 5～10 cm。青贮饲料中应保证 15%～20%的长度超过 4 cm,对于青贮料含量比较高的日粮,应有适量的足够长度的青干草来促进反刍咀嚼,以刺激瘤胃维持缓冲体系。如果适度长的青干草含量较低,虽然采食量会相对提高,但一段时间(大约 7 天)后,草食家畜尤其是奶牛会出现食欲减退甚至废绝的现象,这是瘤胃酸中毒的表现,如果适时添加适度长的青干草,食欲会得到一定程度的恢复。

2. 原料预处理

为了提高饲料利用效率,保证全混合日粮混合均匀,对精饲料进行清选、粉碎、配料、混合等预处理。

3. 原料水分含量的控制

日粮的水分含量直接关系到日粮干物质的采食量。而饲草型全混合日粮对水分的含量要求更为严格,因此每周至少要检测一次原料水分含量,以确保配制全混合日粮时足量的干物质。若含水量高于或低于标准含水量,不选择使用。全混合日粮含水量保持在 35%～50%,可以保证各种原料能较好地附着黏合在一起,过干或过湿均会影响采食量。

4. 原料添加

(1)原料添加顺序

全混合日粮搅拌时,添加原料的基本原则是先干后湿、先长后短、先轻后重。一般情况下,最早加入的是干草,糟渣、青草、块根块茎类通常最后加入。随时检测全混合日粮的水分含量,不盲目加水。全混合日粮适宜的含水量在 45%～50%。

(2)原料添加量的控制

根据动物营养需要,设计好配方。按照动物生产性能,例如奶牛的产奶量,估算动物的采食量,计算出日粮的生产量,然后再按配方计算各种原料的数量。注意,每种日粮组分误差控制在±2%。各计重系统要定期进行校正,保证称料系统的稳定性、准确性。

为了减少各批次日粮之间的差异,确保日粮的平衡,需要经常对原料的干物质含量进行准确的测定。特别水分含量波动较大的饲料,如青贮饲料,最少每周检测一次。其他需要经常检测的营养指标包括,粗蛋白、可降解蛋白、非蛋白氮、中性洗涤纤维、酸性洗涤纤维、粗灰分、脂肪、钙、磷、钾、钠、镁、氯、硫等。有条件时,可对干物质、纤维、蛋白的消化率进行相应的评定,计算出总可消化养分、有效纤维、净能等。根据检测结果,适当调整日粮配方。

5. 混合均匀

选择合适的全混合日粮搅拌设备,对原料进行充分混合。注意搅拌时间要适宜:搅拌时间过长,全混合日粮太细,有效纤维不足;时间太短则混合不均,精粗料易分离,营养不均,影响饲喂效果,一般物料全部填完后再混合 4～5 min。

五、实验报告

包括实验目的、实验原理、实验材料及用品、实验内容、结果与讨论。

实验十二　青贮饲料乳酸菌的分离鉴定实验

一、实验目的

通过实验掌握青贮饲料中乳酸菌提取和鉴定的方法。

二、实验原理

青贮饲料中乳酸菌的种类和数量决定着青贮发酵成功与否。乳酸菌是可发酵碳水化合物(主要指葡萄糖)产生乳酸的细菌的通称。本实验中将革兰氏阳性且过氧化氢酶阴性的无芽孢菌定为乳酸菌。

青贮饲料中含有丰富的乳酸菌,其中包括肠球菌(*Enterococcus*)、乳球菌(*Lactococcus*)、明串珠菌(*Leuconostoc*)、链球菌(*Streptococcus*)和乳杆菌(*Lactobacillus*)等,它们在青贮饲料发酵中起着至关重要的作用。

三、实验材料及用品

实验材料:青贮饲料。

实验用品:培养基(乳酸菌用 MRS 培养基即可,可直接购买;琼脂粉按 1.5% 加入,即 1 L 加入 15 g;灭菌:121℃灭菌 20 min)、革兰氏碘液(碘片 1.0 g,碘化钾 2.0 g,蒸馏水 300 mL)、3%过氧化氢溶液(现配现用)、无菌蒸馏水(121℃灭菌 15 min)。

四、实验内容

1. 样品处理

在无菌条件下称取青贮样品 10 g,置于装有 90 mL 无菌蒸馏水的锥形瓶中摇匀,即为稀释 10 倍的样品悬液。用移液枪吸取 1 mL 已充分混匀的菌液(待测样品),放入标记 10^{-1} 的试管中。

2. 平板菌落计数

(1)编号

取无菌 MRS 固体培养基 3 套，分别用记号笔标明 10^{-1}、10^{-3}、10^{-5}（据试验设置）。另取 4 支盛有 900 μL 无菌水的离心管，依次标记 10^{-2}、10^{-3}、10^{-4}、10^{-5}。

(2)稀释

将 10^{-1} 试管置试管振荡器上振荡，使菌液充分混匀。用 200 μL 移液枪插入 10^{-1} 试管中来回吹吸菌悬液 3 次，吸取 10^{-1} 菌液 100 μL，精确地放至 10^{-2} 试管中，此即为 100 倍稀释。其余依此类推。

(3)取样

用移液枪分别吸取 10^{-1}、10^{-3}、10^{-5} 菌液至 MRS 固体培养基上，用涂布棒涂布均匀(3 次重复)，将平皿倒置于 37℃恒温培养箱中培养。

(4)计数

培养 48 h 后，取出培养平板，选取合适稀释度计数，采用平板计数法计算微生物数量。

3. 乳酸菌的分离

依据菌落大小、形态和颜色等特征，挑取典型菌落于新的 MRS 固体培养基上，一个培养基上可以培养 4 种菌，划“Z”形，划几下后将挑菌环灭菌，用灭菌并且温度适宜的接种环在其末端再划下一笔，继续划“Z”形。于 30℃恒温箱中培养 48 h。

4. 乳酸菌的纯化

对分离的菌种进行革兰氏染色和过氧化氢酶试验，革兰氏染色阳性、过氧化氢酶试验阴性的初步确定为乳酸菌，将其在 MRS 固体培养基上划线纯化两次，接种到 MRS 固体斜面培养基，4℃冰箱保存备用。

(1)革兰氏染色法

挑一环水于载玻片中央，再用接种环挑取少量菌与载玻片上的水滴均匀混合并涂成薄的菌膜自然干燥；菌膜向上在微火上过 2～3 次固定(以不烫手为宜)；结晶紫初染 1 min 后用水充分淋洗；滴加碘液媒染 1～2 min；用 95％乙醇脱色并水洗；番红复染 1～2 min 水洗；自然干燥；1 000 倍油镜观察，蓝紫色为革兰氏阳性菌，红色为革兰氏阴性菌。

(2)过氧化氢酶实验

用接种环挑取固体培养基上的菌落少许，置于洁净试管内，滴加 3％过氧化氢溶液 2 mL，2～3 min 后观察。有气泡产生的为阳性，没有气泡产生的为阴性。

(3)发酵葡萄糖产酸实验

将分离培养的单菌落接种到含有 5 mL 乳酸菌液体培养基的玻璃试管中(杜氏小管倒扣于试管液体内),30℃培养 48 h 并观察小管内的产气情况,记录实验结果。

五、实验报告

包括实验目的、实验原理、实验材料及用品、实验内容、结果与讨论。

实验十三　青贮饲料优良乳酸菌的筛选实验

一、实验目的

通过实验掌握青贮饲料中优良乳酸菌的筛选方法。

二、实验原理

通过产酸和生长速率的测定，以及耐酸实验、耐盐实验筛选出产酸速率快，生长速率快，耐盐、耐酸的优良乳酸菌菌株。

三、实验材料及用品

实验材料：乳酸菌菌株。

实验用品：培养基、80%甘油、pH 计、紫外分光光度计、NaCl、HCl 等。

四、实验内容

1. 乳酸菌产酸和生长速率的测定及筛选

将已分离纯化的菌株接种到 10 mL MRS 液体培养基中，置于 37℃恒温培养箱中培养 48 h。按 3%的接种量转入新的 10 mL MRS 液体培养基中，置于 37℃恒温培养箱中培养 48 h。取 1 mL 菌液加入装有 0.5 mL 80%甘油（无菌）的离心管中，混匀，−20℃保存。剩余菌液按 3%的接种量分别转入新的 120 mL 的 MRS 液体培养基中，置于 37℃恒温培养箱中培养。每隔 3 h 在无菌操作台中取样，用 pH 计分别在 0、3、6、9、12、15、18、21、24 h 测定 MRS 液体培养基的 pH，并以无菌 MRS 液体培养基为空白，在波长 620 nm 下测定吸光度值。筛选出在 24 h 内产酸速率高（pH＜4.00）和生长速率高（$OD_{620\ nm}$＞ 2.00）的乳酸菌。

2. 生理特征的测定

耐酸实验：将乳酸菌接种到 pH 为 3.0、3.5、4.0、4.5、9.0 的 MRS 液体培养基（用 2.0 mol/L 的 NaOH 或者 HCl 调节 pH），置于 37℃恒温培养箱中培养 2 天，观察乳酸菌生长状况。

耐盐实验：将乳酸菌接种到 NaCl 含量分别为 3%、6.5%的 MRS 液体培养基，置于 37℃恒温培养箱中培养 2 天，观察乳酸菌生长状况。

3. 碳源发酵测定试验

对于革兰氏阳性、接触酶阴性、非芽孢厌氧（兼性或专性）的实验菌株，采用含有 49 种碳源，一个对照的 Analytical Profile Index（API 50 CH，bioMerieux，France）试验条按说明书进行测试，培养于 30℃普通恒温培养箱。分别在 24 h 和 48 h 记录实验结果。培养基中所含溴甲酚紫指示剂变黄（产酸作用），七叶灵测定（25 号管）由紫变黑为阳性。

4. 乳酸菌的保存

选择产酸速率快，生长速率快，耐盐、耐酸的优良乳酸菌，取 1 mL 菌液加入装有 0.5 mL 80%甘油的无菌离心管中，混匀，－80℃保存。

五、实验报告

包括实验目的、实验原理、实验材料及用品、实验内容、结果与讨论。

实习一　干草调制

一、实习目的

1. 掌握干草调制工作计划的制订；

2. 熟悉干草调制的工艺流程及机械设备；

3. 了解影响干草田间调制速率的因素。

二、实习内容

1. 前期准备工作

(1)结合生育期和天气因素制订工作计划

①刈割时期的选择　紫花苜蓿最宜收割时期为现蕾至初花期，若因天气原因无法适时收获，最晚不超过开花中期。

生育期的判断：

——50%植株有花蕾出现为现蕾期；

——10%植株开花为开花初期；

——50%植株开花为开花中期。

②天气因素　在干草调制的过程中，降水是干草调制最大的威胁，所以在作业之前，需反复确定种植苜蓿地区 15～20 天内的天气预报、云图情况以及小范围的天气变化，应保证一周无降水，以利于苜蓿的刈割以及干草的晾晒，顺利完成苜蓿收获。

结合上述两点制定工作计划：按照各机械效率、数量与刈割面积进行匹配，提前计划好刈割、摊晒、搂草、捡拾打捆、装载运输的人员和时间分配，尽可能缩短干草调制的时间。

(2)作业机械的准备

在制定工作计划之后，需对作业机械进行检查、调试、保养，并配备相应的易损件的配件，机械工具随车，确保在作业期间不会因为机械问题而影响干草的收获，减少作业时间，同时也就减少被雨淋的风险。作业机械的高质量、高效率运转是调制优质高产苜蓿干草的基础保证。

(3)作业人员的工作分配

刈割和搂草一组，摊晒和打捆一组，装车运输一组，库房一组。在作业期间内，以“人停车不停”为原则进行作业，合理安排作息时间，各组之间相互配合，保证收获过程中的无缝衔接，高质高效完成收获工作。

2. 干草调制

(1)干燥原则

苜蓿的干燥是苜蓿干草生产过程中的关键环节，能否把大量的苜蓿变成可利用的优质牧草商品，就取决于这一环节的成败。因此在自然晾晒时，必须掌握以下基本原则。

①先在草场上使苜蓿凋萎，然后及时搂成草垄或小草堆进行干燥，尽量避免在阳光下长期暴晒。干旱地区，干草产量较低，刈割后直接将草搂成草垄进行干燥。

②尽量加快苜蓿的脱水，缩短干燥时间，以减少由于生理生化作用和氧化作用造成的营养物质损失，尤其要避免雨淋。

③在干燥末期应力求植物各部分的含水量均匀。

④集草、聚堆、压捆等作业，应在植物细嫩部分尚不易折断时进行。

(2)调制流程

①刈割

a. 刈割方向　为了使晾晒时间变短，短期内得到更加优质的干草，在刈割时，割草机割草的方向应与种植的垄沟方向成一定夹角(30°～60°)，使得留茬对草条起一定程度上的支撑作用，在平铺晾晒过程中与地面不接触，保证空气的流通，提高晾晒效率。

b. 留茬高度　一般每次刈割留茬 5 cm 左右，在晾晒过程中对草条起一定程度的支撑作用，保证草条下部的通风，提高晾晒速率的同时，当茬和下茬的产量、品质都有最大化的保证；越冬前最后一次刈割留茬在 7～10 cm 为好，使苜蓿可以更好地越冬，提高使用年限。

c. 压裂茎秆　牧草干燥耗时长短取决于茎秆干燥时间。如豆科牧草及一些杂类草当叶片含水量降低到 15%～20%时，茎秆含水量仍为 35%～40%。加快茎秆的干燥速度，就能加快苜蓿的整个干燥过程。使用牧草压扁机将牧草茎秆压裂，破坏茎秆的角质层以及维管束，并使之暴露于空气中，茎秆内水分散失的速度可大大加快，基本能跟上叶片的干燥速度。压裂茎秆通常可缩短干燥时间 1/3～1/2。这种方法最适于豆科牧草，可以减少叶片脱落，减少日光暴晒时间，减少养分损失，显著提高干草质量，能调制成含胡萝卜素多的绿色芳香干草。同时，压裂有利于牧草的捡拾打捆操作。

②摊晒　将收割后 2 h 内的饲草用摊晒机摊成薄层，平铺曝晒 4～5 h，使鲜草中的水分迅速蒸发，由原来的 75%以上减少到 40%左右。

③翻晒和搂草　饲草水分由 40%减少到 14%～17%，是一个缓慢蒸发的过程。如果此时仍采用平铺曝晒法，不仅会因阳光照射过久使胡萝卜素大量损失，而且一旦遭到雨淋养分损失会更多。当水分降到 40%左右时，可利用晚间或早晨的时间进行一次翻晒，可以减少苜蓿叶片的脱落，同时将两行草垄并成一行，以保证打捆机饲喂速度，等全干后收贮。

④捡拾打捆　在晴天阳光下晾晒 3～4 天，当苜蓿草的含水量在 16%以下时，可在晚间或早晨进行打捆，以减少苜蓿叶片的损失及破碎(表 6)。在打捆过程中，应该特别注意的是不能将田间的土块、杂草和腐草打进草捆里。调制好的干草应呈深绿色或绿色，并有芳香的气味。

表 6　常见的大方草捆参数

参数	大草捆	
压缩程度	一般压缩	高压
密度/(kg/m³)	140～170	170～200
高度/cm	100	100
宽度/cm	120	120
长度/cm	180	180
单捆重量/kg	300～360	360～430

注：打捆时依据实际含水量调节打捆密度。当含水量略高出安全含水量时，用一般压缩的打捆密度；当含水量为安全含水量时，用高压的打捆密度。

⑤装载运输　打捆完成后由专业草捆叉车装上运输车，并记录好车次、草捆数量、地块编号等信息，运输至过磅处过磅后入库，最后统计各地块产量。

⑥贮存　刈割作业前，对草库防火、防水、通电、地面硬化、通风等方面进行检查维修。草捆入库前库房管理人员严格检测草捆含水量，按照安全含水量对草捆进行质量分级后由专业人员用叉车进行码垛，草捆与草捆之间要留有通风口，确保贮存时的通风流畅。不适于贮藏的草捆坚决不允许入库，应单独放置在临时贮藏棚或田间堆垛继续通风干燥，并做好防雨设施。

(3)注意事项

饲草含水量的掌握：除用仪器测定外，在生产实践中常用感官法估测饲草的含水量。

①含水量为50%左右的饲草　禾本科饲草晾晒后，茎叶由鲜绿色变成深绿色，叶片卷成筒状，茎的基部保持鲜绿色，取一束草用力拧成绳状，不出水，此时含水量为40%～50%；豆科饲草叶片卷缩呈深绿色，叶柄易断，茎下部分叶片易脱落，茎的表皮能用手指甲刮下，此时含水量为50%左右。

②含水量为23%～25%的饲草　禾本科饲草用手揉搓时，不发出沙沙响声，拧成草绳，不易散开和折断，多次折曲草束时，在折曲处有水珠出现，手插入干草里有凉的感觉；豆科饲草用手摇草束，叶片发出沙沙声，脱落。这样的干草不能堆垛贮藏。

③含水量为19%～20%的饲草　紧握草束时不能产生清脆声音，但粗茎的饲草有明显干裂响声。干草柔软，容易拧成结实而柔韧的草辫，能经受反复多次折曲而不断裂。在拧紧草辫时挤不出水来，但有潮湿的感觉。仅部分草束能散开，大部分不能散开。禾本科饲草表皮剥不掉，豆科饲草上部茎的表皮有时能剥掉。这样的干草堆垛贮藏是有风险的。

④含水量为17%～18%的饲草　禾本科饲草用手揉搓草束时发出沙沙声，但没有干裂的嚓嚓声，叶卷曲，搓时能捻成20～30转，只有部分折断，而其余部分很完整，草束散开缓慢，而且不能完全散开，叶片有的卷曲，上部叶片和茎秆柔软；豆科饲草叶、嫩枝易折断，弯曲茎易断裂，不易用手指甲刮下表皮。这种干草可以堆垛贮藏。

⑤含水量为15%～16%的饲草　禾本科饲草用手揉搓草束时发出沙沙声及干裂的嚓嚓声，反复折曲草束时茎秆易断，揉搓草束时能迅速、几乎完全地散开(散得越快，干草越干)，叶干燥而弯曲，茎秆上的表皮用指甲几乎不能剥下，茎节呈深棕色或褐色；豆科饲草叶片大部分脱落，茎秆易断，发出清脆的断裂声。这样的干草适于堆垛贮藏。

三、实习报告

包括实习目的、实习内容、结果与讨论。

实习二 青贮制作

一、实习目的

1. 掌握大型青贮工作计划的制订；

2. 熟悉用于制作大型青贮的机械设备；

3. 掌握青贮饲料制作的工艺流程。

二、实习内容

1. 前期准备工作

(1)根据天气因素制订工作计划

在青贮饲料的制作过程中，降水对青贮饲料的营养品质影响很大，所以在作业之前，需反复确定该地区3天内的天气预报、云图情况以及小范围的天气变化，应保证至少3天无降雨，以利于青贮饲料裹包和装填入窖，顺利完成全株玉米青贮。

(2)作业机械的准备

在制定工作计划之后，需对作业机械进行检查、调试、保养，并配备相应的易损件的配件，机械工具随车，确保在作业期间不会因为机械问题而影响青贮原料的收获、切碎、装填(裹包)，减少作业时间，同时也就减少被雨淋的风险。作业机械的高质量、高效率运转是调制优质全株玉米青贮饲料的基础保证。

(3)作业人员的工作分配

为了更好地完成全株玉米青贮饲料的制作工作，根据具体工作计划和实际工作量对各部门职能进行合理的工作分配，各部门之间相互配合，保证青贮原料的收获、加工、贮藏过程的无缝衔接，高质高效完成青贮工作。

2. 裹包青贮

裹包青贮是指将刈割成条的新鲜牧草利用捆包机最适密度下打捆，使用专用的裹包膜进行裹包，在厌氧条件下乳酸菌发酵所形成的优质饲料，是先进的青贮调制工艺。裹包青贮是一种利用机械设备完成饲草青贮的方法，是在传统青贮的基础上研究开发的一种新型青贮技术。

(1)青贮原料的适时收获

裹包青贮原料适宜收割期的确定是一个比较复杂的问题,应从各地实际出发,因地制宜确定最佳收割期。一般情况下,为了获得较好的营养价值、采食量、总产量和青贮品质,全株玉米青贮在乳熟期至蜡熟期整株刈割。

(2)青贮原料的水分调节

青贮原料的水分含量是决定青贮饲料发酵品质的主要因素之一,原料含水量过高或过低都影响青贮的品质。乳酸菌繁殖的适宜含水量为60%～70%。因此全株玉米收割后应在田间晾晒4～6 h,将水分调节到60%～70%。

(3)青贮原料的切短

青贮原料切短的目的,是便于裹包青贮时打捆,增加饲料密度,排出原料间隙中的空气,使植物细胞渗出汁液湿润饲料表面,有利于乳酸菌繁殖,提高青贮饲料品质,同时还便于取用和家畜采食。一般全株玉米切成0.5～2 cm长。

(4)打捆、覆网

在进行捡拾压捆作业时,拖拉机的前进速度应根据具体情况来决定。制作密度高、形状整齐的捆包,成型后的草捆外周侧壁用网卷缠网4～6层。打捆时应压实密封,防止空气进入,影响发酵。

(5)裹包

青贮原料打好捆后,应立即用专用裹包机对其进行专用拉伸膜裹包。不能拖延裹包,否则温度上升,pH增高,营养损失增加,青贮饲料品质变差。拉伸膜裹包层数一般以4层为宜,注意压实。压得越紧实越易造成厌氧环境,越有利于乳酸菌的活动和繁殖,青贮越容易成功。裹包后的青贮饲料在自然条件下,堆放于平整的草地上或水泥地上进行发酵。裹包与地面之间必须有垫层。青贮贮藏库应该远离家畜,应该用网隔离家畜,防止破损。

(6)后期管理

裹包后,尚需经常检查,及时用黏性较大的胶带修补破损处,杜绝透气并防止雨水渗入。4～6周发酵完成后,可打开裹包取样进行品质评定。

3. 大窖青贮

(1)青贮窖的选址

青贮窖应选在地势高燥、土质坚实、排水良好、避风向阳、靠近畜舍、四周有一定空地的地段。切忌在低洼处或树荫下建窖,并避开交通要道、路口、粪场、垃圾堆等。

(2)青贮窖的形式

青贮窖一般为长方形,可建成地下式、地上式或半地下式。青贮窖的深浅、大小可根据所养牛羊的数量、饲喂期的长短和需要贮存的饲草的数量进行设计。一般青贮窖宽度以 4～6 m 为宜，深度以 3.0 m 为宜，长度依原料多少而定，但不宜超过 25.0 m。一般每立方米窖可青贮全株玉米 500 kg。为防止雨水渗入窖内，地下式青贮窖四周距窖口 50 cm 处挖 20 cm×20 cm 的排水沟。要能够密封，防止空气进入。青贮窖窖壁要平直光滑，以防止空气积聚，并有利于饲草的装填压实。窖底部从一端到另一端须有一定的坡度，以便排除过多的汁液。口大底小，以防止池壁倒塌。根据经济条件和土质状况选择建筑结构，包括砖水泥结构、石块水泥结构、砼结构。

(3)青贮原料适时刈割

同裹包青贮。

(4)调整原料含水量

同裹包青贮。

(5)青贮原料的切短

同裹包青贮。

(6)青贮添加剂的使用

为促进青贮原料中的乳酸菌增殖，可添加外源青贮菌剂。菌剂的添加量可参考商用菌剂的使用说明书。菌剂必须与原料混匀。每压实一层青贮料喷一次菌剂，到最顶层时，菌剂的添加量必须加倍。

(7)装填入窖

将适时刈割的全株玉米逐层装入窖内，如果三面墙，斜面装填，每装 30 cm 厚时可用装载机、履带式拖拉机等大型机械将原料压实，特别注意将窖壁四周压实。原料装至高出窖口 30～40 cm，使其中间高周边低，圆柱形窖为馒头状，长方形窖呈弧形屋脊状。圆柱形窖或小型容积窖应在 1 天内装完，大型窖也要在 2～3 天之内完成，在装填过程中避免雨水进入窖内。

(8)密封与管理

密封前，用专用塑料薄膜将压实的全株玉米完全盖严。用轮胎片大网紧实地压在塑料薄膜上。贮后经常检查，发现下沉或有裂缝，及时修整，填平封严。

三、实习报告

包括实习目的、实习内容、结果与讨论。

实习三　成型草产品生产

一、实习目的

1. 学会制订成型草产品加工工作计划；
2. 熟悉用于制作成型草产品的机械设备；
3. 掌握成型草产品制作的工艺流程。

二、实习内容

1. 前期准备工作

(1)制订工作计划

根据家畜和苜蓿产量的多少，配备相应的机械设备和人员，尽量在一天内完成相应的制粒工作。

(2)机械设备的准备

在制定工作计划之后，需对制粒机械进行检查、调试、保养，并配备相应的易损件的配件，确保在作业期间不会因为机械问题而影响草颗粒的制作。作业机械的高质量、高效率运转是调制优质苜蓿草颗粒饲料的基础保证。

2. 草颗粒制作

(1)原料处理

本实习选用苜蓿干草为原材料。为了保证安全贮藏和便于进行粉碎加工，原料必须经过清理。其清理工作主要是利用筛选设备去掉大杂质，利用磁选设备去掉各种铁磁性金属。

(2)原料含水量的控制

用于加工草颗粒的苜蓿干草含水量应为16%～18%。

(3)原料粉碎

苜蓿干草切碎长度为3 mm左右。

(4)添加黏合剂并混匀

为了保证苜蓿草颗粒的成型率，必须加入1%～1.5%的黏合剂至制粒机内混合均匀。

(5)制粒

采用专用草颗粒加工机器直接制粒。压块机压模温度为82℃，最佳水分含量为16%～20%，低于16%则需要直接加水，水温25～40℃效果最佳，把水分含量调节到16%～20%。

(6)冷却、干燥

草颗粒经传送带传送通风冷却至常温，水分含量控制在14%以下，最后自然干燥后贮藏。

三、实习报告

包括实习目的、实习内容、结果与讨论。

实习四　饲草型全混合日粮制作

一、实习目的

1. 学会制订饲草型全混合日粮加工的工作计划；

2. 熟悉饲草型全混合日粮配制的机械设备；

3. 掌握饲草型全混合日粮制作的工艺流程。

二、实习内容

1. 前期准备工作

(1)制订工作计划

根据家畜的数量，配备相应的日粮制作机械设备和人员，在规定时间内完成相应的日粮制作工作。

(2)机械设备的准备

在制定工作计划之后，需对饲草型全混合日粮制作机械进行检查、调试、保养，并配备相应的易损件的配件，确保在作业期间不会因为机械问题而影响饲草型全混合日粮的制作。作业机械的高质量、高效率运转是调制优质饲草型全混合日粮的基础保证。

2. 饲草型全混合日粮的制作

(1)根据家畜营养需求设计配方

饲草型全混合日粮配方设计注重饲草料的营养调配，调控日粮中饲草之间的组合效应，使牧草和秸秆等粗饲料转化效率大幅度提高，被充分有效地利用。在动物合理分群的基础上，充分考虑每群动物的生理阶段、体况、生产性能及气候等因素，并参考动物饲养标准，根据营养需求和预测的干物质采食量(DMI)，合理设计配方，以满足不同群体的营养需要。

饲草型全混合日粮配方的设计原则：必须保证产品的安全性；必须以饲养标准、饲料营养价值为依据，营养全面平衡；适口性好，适度控制粗纤维含量；必须具有较高的经济效益；重视借鉴典型配方，但不可生搬硬套。

(2)饲草型全混合日粮的加工调制

①原料预处理　饲草型全混合日粮的原料预处理分为精饲料原料预处理和粗饲料原料预处理两部分。精饲料原料预处理过程包括原料接收、原料清理、粉碎、配料与混合几个方面,应确保精饲料的质量和均匀程度。粗饲料原料预处理包括原料贮藏和原料散开或切短:一是保证粗饲料原料的质量和品质,二是保证粗饲料在后期添加混匀过程中更易操作,以提高饲草型全混合日粮的整体质量。在配制饲草型全混合日粮时,应注意饲草的切割长度。青贮饲料中应保证15%～20%的长度超过4 cm,对于青贮饲料所占比重较高的日粮,应有适量足够长度的青干草来促进反刍咀嚼,以刺激瘤胃维持缓冲体系。

②检测原料的营养浓度　准确测定原料营养浓度是饲草型全混合日粮科学配制的基础。不同的原料,即便是同一种青贮或干草饲料,因来源产地、收割时间、调制方式等不同,其营养成分和干物质的含量等也存在明显的差异。因此,全混合日粮的原料应每周或每批化验一次,保证对各种原料的成分进行科学准确的检测。

③原料水分含量的控制　饲草型全混合日粮对水分含量的要求很严格,因此每周至少要检测一次原料水分含量,以确保配制全混合日粮时足量的干物质。一般全混合日粮水分含量以35%～50%为宜,过干或过湿均会影响采食量。资料表明,如果大量饲喂青贮饲料,全混合日粮中水分含量超过50%,水分每增加1%,干物质采食量按体重的0.02%下降,导致产奶量下降2.5～3 kg。含水量保持在35%～50%,还可以保证各种原料能较好地附着黏合在一起。

④原料添加　饲草型全混合日粮制作遵循先干料后湿料,先粗料后精料,先小密度饲料后大密度饲料的投放原则。因为粗料先混合时可让精料充分附着,精粗混合更均匀,但如果先放入精料混合,将会导致精料遗漏进搅拌罐的死角,造成精料损失,且精粗料混合不均匀。在混合过程中,要边加料加水,边搅拌,待物料全部加入后再搅拌4～6 min,若日粮不含15 cm以上的粗料则搅拌2～3 min即可。要确保搅拌结束后的日粮至少有20%以上长度大于3.5 cm的粗料。各原料组分必须计量准确,充分混合,防止精粗饲料组分在运输或饲喂过程中分离。

⑤混合均匀　搅拌是获取理想全混合日粮的关键环节,因此必须使用能够进行彻底混合的饲料搅拌设备。搅拌时间与全混合日粮的均匀性和饲料颗粒长度直接相关。一般情况下,加入最后一种原料后,应继续搅拌3～8 min,总混合时间掌握在20～30 min(表7)。

表 7 不同全混合日粮原料混合及制作时间

项目	组分及类别								
	苜蓿	干草	玉米	豆粕	添加剂	切割	青贮	混合	分配
时间/min	4	4	2	2	1	5～7	3	4～8	4

来源：全国畜牧总站，2012。

三、实习报告

包括实习目的、实习内容、结果与讨论。

实习五　饲草产品贮藏

一、实习目的

1. 掌握草捆安全贮藏的方法和环境参数；

2. 了解干草储备库建设规格的参数。

二、实习内容

1. 草捆的安全贮藏

(1)草捆安全贮藏的方法

干草捆体积小，密度大，便于贮藏。棚内草垛码高 4.5～4.8 m，要求码垛整齐，顶部加防护层或贮藏于干草棚中。放置在底层的草捆应和上一层的干草捆横向交叉堆垛，整齐铺平，不留通风道或任何空隙。其余各层堆平(窄面在侧，宽面在上下)。为了使草捆位置稳固，上层草捆之间的接缝应和下层草捆之间的接缝错开。从第二层草捆开始，可在每层中设置 25～30 cm 宽的通风道，在双数层开纵向通风道，在单数层开横向通风道，通风道的数目可根据草捆的水分含量确定。通风道、通风口内要畅通无堵塞。

(2)草捆安全贮藏的环境参数

将含水量在 15%以下的草捆放入储备库内进行贮藏。使用照度计测量光照强度，使用温湿度计测量储备库内的温度和湿度。草捆储备的环境参数为：储备库内温度＜23.7℃，相对湿度＜42%，光照强度＜250 klx。

2. 饲草储备库的建设

屋架、柱梁均采用型钢结构焊接组成，墙体采用彩钢板。主梁上弦采用 5# 角钢双拼，下弦采用 4# 角钢双拼，支撑采用 3# 角钢。次梁上弦采用 3# 角钢双拼，下弦采用 2.5# 角钢双拼，支撑采用 2.5# 角钢。立柱采用 80×80 方管。饲草储备库长 100 m，宽 15 m，高 8 m，地面用山皮石铺垫，与棚体留有 10 cm 通风道。

3. 饲草储备库的安全管理

在储备库内，设置温室环境记录仪和火警监控探测器，实时监测储备库内的温度、湿度和光照强度，以便实时了解草产品的最新状况，并对可能发生的情况进行预警。饲草储备库沿棚低檐下修暗排水沟，收集雨水并排水；同样沿棚修消防水井，每 150 m 建一井。

三、实习报告

包括实习目的、实习内容、结果与讨论。

实习六　草产品品质检测

一、实习目的

1. 了解草产品品质的参数；
2. 掌握草产品品质检测的方法；
3. 理解草产品品质检测的意义。

二、实习内容

1. 草产品检测样品的采集

(1)采样前记录

采样前，必须记录草产品的相关情况，如生产厂家，生产日期，批号，种类，总量，包装堆积形式，运输情况，贮存条件和时间，有关单据和证明，包装是否完整，有无变形、破损、霉变等。

(2) 采样的基本方法

采样的方法随草产品种类的不同而不同。一般来说采样的基本方法有 3 种：几何法、机械法和四分法。

①几何法　把一批产品看成一种规则的几何体，如立方体、圆柱体、圆锥体等。取样时首先把该批产品分成若干体积相等的部分，这些部分应在整体中分布均匀，即不只是在表面或只是一个面分取。从这些部分中取出体积相等的样品，这些样品称为份样。把份样混合、缩分，即得实验室样品。几何法常用于采集份样和批量不大的原料。

②机械法　借助电动采样器等采样工具采集草产品的样品。机械采样时，先把草产品划分成批，每一批采集多个份样，形成混合样品。

③四分法　将样品平铺在一张平坦而光滑的方形纸或塑料布、帆布、漆布等上(大小视样品的多少而定)。提起一角，使样品流向对角，随即提起对角使其流回，如此将四角轮流反复提起、移动混合均匀，然后将样品堆成等厚的正方体，用药铲、刀子或其他适当器具，在样品方体上划一“十”字，将样品分成四等份，任意弃去对角的两份，将剩余的两份混合，继续按前述方法混合均匀、缩分，直至剩余样品数量

与测定所需要的用量相接近时为止。

2.草产品样品的检测

常用的草产品检测方法有3种:感官检测法、物理检测法、化学检测法。

(1)感官检测法

①含义　通过人的感觉(包括:味觉、嗅觉、视觉、触觉等)对草产品进行检测评价的方法,或是根据草产品的外部特征(如颜色、形状、软硬度、气味等)直接作用于人体感觉器官所引起的反应进行草产品检测的方法,称为感官检测法。

②常用方法

视觉:直接观察草产品的外观、形状、色泽,是否有虫,有无霉变、硬块、异物、夹杂物,均匀性等。

味觉:通过舌舔和牙咬等检查味道和口感。

嗅觉:鉴别具有特殊香味的草产品,并了解草产品有无霉变、腐臭、氨臭和焦臭等异味。

触觉:取粉状产品,用指头捻,通过感触来觉察其粒度的大小、硬度、黏稠性,有无夹杂物,以及水分的多少。

成型或干草产品可以通过抓握感觉产品的质地。

(2)物理检测法

①含义　以草产品的物理特性为主要依据和检测指标,使用一定的器具,进行草产品检测的方法,称为物理检测法。

②常用方法

a.筛别法

方法:筛别法是根据不同的草产品具有不同的大小和形状的特性,利用孔径大小不同的一组筛子(如直径为0.5 mm、1 mm、2 mm、3 mm等),分别筛出草产品中粒级不同的组分。

作用:用这种方法可以判断草产品的种类和是否混入杂物,并且能够分辨出用肉眼难以分辨的异物。

b.容重法

含义:不同的草产品具有不同的容重。这种以容重为依据的检测方法称为容重法。

操作方法和标准:用规定的量具测出容重,把试样的容重与该草产品的标准容重(表8)相比,可分辨出有无异物混入,并提供该草产品质量信息。

表 8 常见籽实与草产品的容重 g/L

籽实类	容重	饲草类	容重
大麦(皮麦)	580	散干草	70
大麦(碎的)	460	低密度草捆	150～180
玉米	730	高密度草捆	300～450
碎玉米	580	草粉	120
碎米	750	草颗粒	300～350
糙米	840		

c. 密度鉴别法

原理：将草产品放入相对密度不同的液体内，有的物质浮起来，有的物质沉下去，根据其浮沉，可鉴别出是否有异物混入，以及混入异物的种类与比例。

常用的液体：甲苯（相对密度 0.88）、汽油（相对密度 0.64）、水（相对密度 1.00）、氯仿（相对密度 1.48）、四氯化碳（相对密度 1.59）和三溴甲烷（相对密度 2.90）。

优点：密度鉴别法比较简单、有效，容易被利用。例如，用上述液体能鉴定出苜蓿草粉中是否掺入泥沙。取一定体积的草粉，加入 4～5 倍的液体。如果混有泥沙等杂物，很快就会沉底。

d. 镜检法

含义：肉眼看不出来或看不清楚的物质，可以借助放大镜或显微镜鉴别，看出混合草产品中植物的种类，从而判断草产品质量及是否有异物混入。

操作方法：用低倍显微镜或放大镜可观察物质的外部特征，在高于 100 倍的显微镜下可观察到试样的组织学特征。

(3)化学检测法

①含义 化学检测法是以草产品加工中物质的化学反应为基础，应用化学试剂、借助分析仪器对草产品进行分析、检测和鉴定的方法，分定性分析法和定量分析法两种。常规的营养成分有粗蛋白质、粗脂肪、粗灰分、酸性洗涤纤维和中性洗涤纤维等。粗蛋白质测定采用凯氏定氮法；粗脂肪测定采用索氏提取法；粗灰分测定采用高温灰化法；中性洗涤纤维和酸性洗涤纤维测定采用酸碱提取法。

②常用方法

a. 定性分析法 在草产品中加入适当的药品，根据发生反应的沉淀、颜色变化等判断草产品中是否含某种成分，是否有异物混入（各种成分各有其独特的沉淀和颜色反应）。这种方法简单、快速，易于掌握。例如：淀粉与碘-碘化钾溶液反应，呈深蓝色，据此可以方便地鉴别试样中是否含有淀粉。间苯三酚与木质素反应呈深红色，据此可检出草产品中是否混有锯末、花生壳粉末、稻壳粉末等。碳酸盐（碳酸钙粉、贝壳、蟹壳）中加入稀盐酸，就会产生二氧化碳气泡。

b. 定量分析法　对草产品中某种成分的含量进行准确测定的分析方法。

维生素、有毒有害物质、添加剂和微量元素等在草产品中含量甚微，有时只有几百万分之一，甚至几亿分之一，多采用仪器分析法，包括紫外光谱法、可见分光光度法、气相色谱法、液相色谱法、薄层色谱法、荧光分析法、原子吸收分光光度法和原子发射光谱法等进行测定。

三、实习报告

包括实习目的、实习内容、结果与讨论。

附　　录

附录一　草产品加工与贮藏学实验实习参考标准

1. 国际饲料分类法
2. GB 10648—2013 饲料标签
3. GB 13078—2017 饲料卫生标准
4. GB/T 14699.1—2005 饲料 采样
5. GB/T 6432—1994 饲料中粗蛋白测定方法
6. GB/T 6435—2014 饲料中水分的测定
7. GB/T 6438—2007 饲料中粗灰分的测定
8. GB/T 6682—2008 分析实验室用水规格和试验方法
9. GB/T 20806—2006 饲料中中性洗涤纤维(NDF)的测定
10. GB/T 30395—2013 草品种审定技术规程
11. NY/T 2129—2012 饲草产品抽样技术规程
12. NY/T 728—2003 禾本科牧草干草质量分级
13. NY/T 1574—2007 豆科牧草干草质量分级
14. NY/T 1170—2006 苜蓿干草捆质量
15. NY/T 1575—2007 草颗粒质量检验与分级
16. NY/T 1459—2007 饲料中酸性洗涤纤维的测定
17. NY/T 1177—2006 牧区干草贮藏设施建设技术规范
18. NY/T 1631—2008 方草捆打捆机 作业质量
19. T/CAAA 001—2018 苜蓿干草质量分级
20. T/CAAA 002—2018 燕麦干草质量分级

附录二 草产品加工与贮藏学实验报告样式

草产品加工与贮藏学

实 验 报 告

实验名称：

班级：

学号：

姓名：

指导教师：

实验时间：

一、实验目的

二、实验原理

三、实验材料及用品

四、实验内容

五、结果与讨论

附录三　草产品加工与贮藏学实习报告样式

草产品加工与贮藏学

实 习 报 告

实习名称：

班级：

学号：

姓名：

指导教师：

实习时间：

一、实习目的

二、实习内容

三、结果与讨论

参考文献

[1] 贾玉山等. 牧草饲料加工与贮藏学[M]. 北京:科学出版社,2018.

[2] 贾玉山等. 草产品质量检测学[M]. 北京:中国农业大学出版社,2011.

[3] 贾玉山等. 中国北方草产品[M]. 北京:科学出版社,2013.

[4] 张海棠等. 饲料质检技术[M]. 北京:中国农业科学技术出版社,2008.

[5] 李海. 典型草原天然牧草青贮技术研究[D]. 博士学位论文. 呼和浩特:内蒙古农业大学,2009.

[6] 崔力韦. 玉米秸秆青贮工艺研究及打捆包膜机设计[D]. 硕士学位论文. 保定:河北农业大学,2012.

[7] 张贵义,邬立刚,郭辉. 常规青贮与半干青贮的比较分析[J]. 饲料博览(技术版),2007(06):38-39.

[8] 珠兰. 玉米秸秆与柠条混合微贮组合效应的研究[D]. 硕士学位论文. 呼和浩特:内蒙古农业大学,2006.

[9] 张艳柏. 青贮饲料感观鉴定指标[J]. 北方牧业,2003(16):25.

[10] 尹强. 苜蓿干草调制贮藏技术时空异质性研究[D]. 博士学位论文. 呼和浩特:内蒙古农业大学,2013.

[11] 张颖超,王伟,侯美玲,等. 不同干燥方法对苜蓿干草调制的影响[J]. 中国草地学报,2015,37(01):76-82.

[12] 李志强. 苜蓿干草质量评价[J]. 中国奶牛,2013(15):7-9.

[13] 孙林,吴晓光,任秀珍,等. 针茅草颗粒加工研究[J]. 中国草地学报,2014,36(05):107-112.

[14] 孙林. 针茅草原牧草加工利用模式及相关机制研究[D]. 博士学位论文. 呼和浩特:内蒙古农业大学,2016.

[15] 张志强. 秸秆压块饲料机成型区的研究与分析[D]. 硕士学位论文. 保定:河北农业大学,2007.

[16] 刘庭玉. 饲草型全混日粮对肉羊生产性能影响研究[D]. 博士学位论文. 呼和浩特:内蒙古农业大学,2012.

[17] 王晓光. 饲草型全混日粮饲用价值评价研究[D]. 博士学位论文. 呼和浩特:内蒙古农业大学,2011.

[18] 刘丽英. 饲草型全混日粮的评价及配方筛选[D]. 硕士学位论文. 呼和浩特:内蒙古农业大学,2011.

[19] 张伯虎,高占琪,李新媛,等. 牛羊全混合日粮技术及应用[J]. 甘肃农业,2013(12):24-26.

[20] 张金吉. TMR 中不同长度稻草和水分含量对瘤胃内环境及消化率的影响[D]. 硕士学位论文. 延吉:延边大学,2008.